Science · Technology · Engineering · Mathematics

玩魔術

學程式

幽靈鈴鐺
&牌現手機

Contents

4 – 9 Rizzges

far dazu. Dur

it https://goo.gl/HWu3hN

t bestrichen in Zynk

CHAPTER

01

進入魔法的世界

你是否曾經幻想過自己是個魔法師，

可以施展魔力讓物體穿透；

或是超能力者，能夠心靈感應，猜到別人的想法。

現在這些都不再是幻想，

本書將帶你進入奇幻的魔法世界，

並透過一個個魔法學程讓你成為一名稱職的魔術師。

魔術的起源

The origin of magic

魔術不是真正的魔法，但可以產生宛如魔法般的效果。事實上魔術是一種表演，透過魔術師熟練的手法搭配具有巧思的道具，就能在觀眾眼前呈現各種奇蹟，而魔術的起源最早可以追朔到 4000 多年前的埃及，在威斯卡手稿中記載了一名魔術師在法老王面前表演了一個魔術，他能讓沒有頭的鵝走路甚至還能將鵝的頭接回去。

巫術探索

世界上第一本魔術教學書則是出現在 400 多年前，由於當時是中世紀末期，人們普遍相信黑魔法的存在，只要被指證就會遭遇審判，因此很多魔術師面臨生命的威脅，於是魔術師 - 雷吉諾 · 史考特便出了一本名為 " 巫術探索 " 的書，書中揭開了許多魔術的秘密，讓眾人認識魔術，也成功拯救不少魔術師。

立下契約成為魔術師

薩斯頓**3**原則

Thurston's 3 rules in magic

看到這裡相信你一定迫不及待想學習魔術了，先別急~在成為一名合格的魔術師之前，你必須立下契約，遵守全世界魔術師所公認的約定，你得嚴格執行，才能和所有魔術師一起守護魔術世界。

薩斯頓三原則 (Thurston's 3 rules in magic)

1. 魔術表演之前絕對不透漏接下來的表演內容。

2. 不對相同的觀眾變同樣的魔術。

3. 魔術表演過後，絕不向觀眾透露魔術的秘密。

立約人：_____

小小魔術
大展身手

看了魔術的歷史也立下契約後，

我們就來用生活中常見的小東西 - 橡皮筋，

來變第一個很簡單但卻非常神奇的小魔術，

準備好嚇唬你的親朋好友了嗎？

適用場合

和親朋好友聊天，有點冷場時。

表演時間 It's show time!

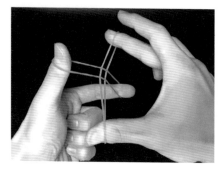

 你看！我手上有兩條橡皮筋，
當我這樣交叉的時候~
仔細看！千萬不要眨眼睛

有什麼特別的嗎？

 橡皮筋穿透了!!

哇塞！怎麼可能!?
可以教一下嗎？

 可以呀！但你要
請我一杯飲料喔？

好啊！
那有什麼問題？

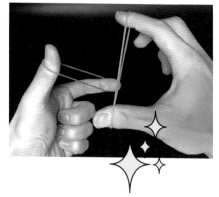

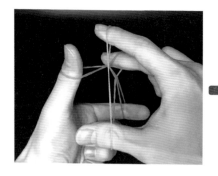

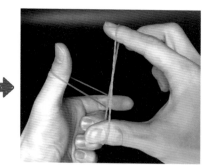

 你看喔，原本橡皮筋在中指，只要很快的把橡皮筋換到食指，看起來就像穿透了

哦喔！真的耶！

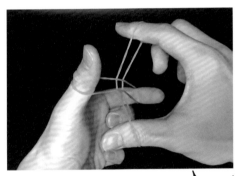

其實…
我是真的魔法師，
不信你看

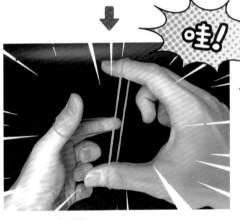

哇！

為什麼你不用換手指也能讓橡皮筋穿越啊！???

因為我有修過
魔法學程啊 XD

掃描看影片效果

魔法學程 I

橡皮筋神穿越

先前準備 兩條橡皮筋、一雙手。

魔術秘密 掃描看教學影片。

Tip 要成為一個好的魔術師，除了遵守薩斯頓三原則外，勤練手法與技巧也是相當重要的喔！如果因為沒練好手法就表演給別人看，結果露出破綻的話，就等於告訴別人魔術的秘密。因此要記得，充分的準備才能造就一個好的表演喔！

CHAPTER
02

魔術師的好夥伴
撲克牌

看到魔術師，除了聯想到一身燕尾服、高腳帽和鴿子外，通常還會想到什麼呢？沒錯！就是撲克牌，由於撲克牌取得容易、花樣多變，因此是魔術師相當愛用的道具之一，以下就讓我們來認識撲克牌，並學習掌控它的基本技巧吧。

2-1　你不知道的撲克牌祕密

撲克牌的起源眾說紛紜，有人說撲克牌源自於法國塔羅牌，也有人說撲克牌的起源最早可以追朔到中國古代的一種遊戲 - 葉子戲，而目前大多數人認為紙牌是由東方傳向西方，經過改良後成為撲克牌再傳回東方的。

早期的撲克牌是沒有鬼牌的，直到美國商人從德國的斯卡特牌中加進來。另外，由於 18 世紀時英國的撲克牌只有政府能合法印製，為了防偽，因此將黑桃 A 的牌面設計得很複雜，於是我們才會在現在的撲克牌中看到這些設計。

撲克牌中隱藏的一些數字，其實是有象徵意義的，其中 4 個花色代表的是四季，1 個花色有 13 張牌則代表 1 個季節裡有 13 周，而紅黑兩色分別代表白天與夜晚。有趣的是如果把 A 當成 1 點，J、Q、K 分別當成 11、12、13 點，兩張鬼牌當成半點，你會發現撲克牌的總點數剛好是 365，也就是 1 年的總天數。

2-2　控牌術大解密

為了駕馭好撲克牌，我們必須先學一些基本的手法與技巧，這樣有助於我們接下來的表演。

請注意！為了讓讀者有良好的學習體驗，以下的教學都會採用線上影片的方式，請掃描 QR code 觀看教學影片。

展牌

展牌的用意是將撲克牌展示給觀眾看，讓他確認牌沒有被動過手腳，或是讓他選一張牌，**展牌**的技巧有很多種，以下介紹 2 種常用的方法：

雙手展牌

完成圖

桌面展牌

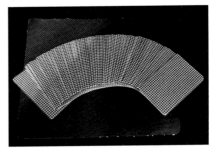

完成圖

落牌

落牌的目的與展牌很類似，通常也是為了向觀眾展示牌是正常的，或是讓觀眾選牌，請看以下的教學：

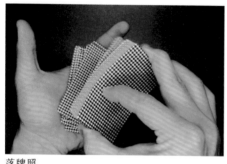

落牌照

以上是基本的技巧，接下來將講解一些魔術中的手法。

控牌

控牌又稱為魔術洗牌，是指魔術師做一些看似洗牌的動作，實際上卻是在控制牌的位置。

底牌不變

洗牌後底牌還是
一樣

頂牌不變

洗牌後頂牌還是
一樣

這招看起來比較簡單喔！

控牌講究的是快
速與自然的呈現

看來上面那些技巧都
可以互相搭配使用，
玩出許多不同的花樣

迫牌

迫牌是指，強迫選牌的意思，魔術師會
利用一些手法讓觀眾選到事先準備好
的牌，而且讓觀眾以為那是他自己選
的，這是每個魔術師必備的技能喔！

基礎迫牌

強迫觀眾選到底
牌的技巧

進階迫牌

自製道具牌，讓觀
眾選到指定的牌

好像都不好學啊，有沒有速成
法呢？

魔術手法沒有速成法，只能靠
不斷的練習，練習時可以找一
面鏡子，或是用手機將自己的
練習過程拍下來，這樣比較能
知道自己的問題出在哪喔

17

2-3 用牌施展魔法

學會那麼多技巧後，我們就可以開始應用了，以下會展示一個流程，讓別人覺得你就像會讀心術一樣。

適用場合

約會中，想拉近彼此間的關係。

表演時間 It's show time!

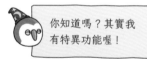

你知道嗎？其實我有特異功能喔！

哦！怎麼說？

我這裡有一副牌，請你幫我檢查後再洗牌，洗的越亂越好，洗完再把牌還我。

好啊！我最會洗牌了！

 你果然有練過喔！接下來我會像這樣洗牌，請你在喜歡的位置喊停

停！

 這是你喊停的位置，我們沒有串通過吧？

當然沒有阿…

那請你把這張牌拿去看，千萬不要給我看到，看完後把牌放回牌堆，再洗亂一次。

好了。

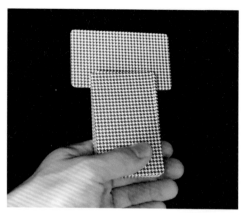

接下來我要展現我的特異功能了，請你直視我的雙眼，我能從你的眼神中看出你心裡想什麼！

怎麼可能!?

看起來是紅色的！不對！是黑色的，你要專心喔，不能胡思亂想。

恩…

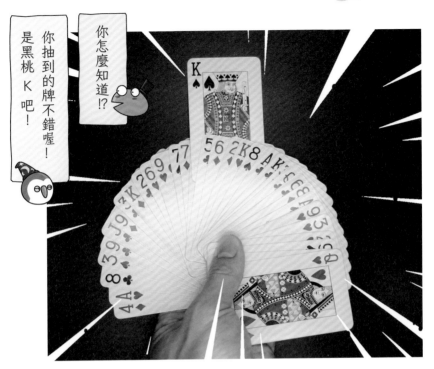

是黑桃 K 吧！

你抽到的牌不錯喔！

你怎麼知道!?

 因為全都寫在你的眼神裡啦。

你除了牌之外該不會還看出了什麼吧…

魔法學程 II
撲克讀心術

效 果 猜中對方心裡想的牌。

先前準備

一副撲克牌、一雙手。

教學影片

魔術秘密

相信聰明的你已經猜到這個魔術是怎麼變的，沒錯！就是使用了**迫牌**這個技巧。

在觀眾洗完牌，把牌交給你後，你可以再洗一下牌並藉機偷看一下底牌 (這個動作要自然)

看完後可以使用底牌不變的技巧洗牌，讓觀眾更不會懷疑你

使用**基礎迫牌**，讓觀眾抽到早已經被你看到的牌，接下來你的魔術基本上已經完成了，發揮你的說故事能力，嚇嚇觀眾吧！

> **Tip**
>
> 表演魔術時，除了技巧很重要之外，營造表演氣氛和說話技巧也是不可忽視的一環喔，如果以上的魔術只是直接猜出觀眾的牌的話，就會讓表演內容顯得過短且無趣，但是如果加入一些口語技巧，例如，說自己有特異功能或讀心術，要靠凝視對方眼神或握手才能猜到牌。此外，也能故意先猜個大概，再慢慢引導到觀眾的牌 (像是：你的牌點數很小喔！是 5 吧？不對！是 3 才對；我會依序念出 4 種花色，請你不要給我任何提示，黑桃、紅心…)，如此一來便能增加神秘氣氛，為你的表演大大加分喔。

CHAPTER

03

進入
科技的世界

知名科幻小說家，亞瑟‧克拉克說過：「任何足夠先進的科技，皆與魔法無異。」古代的人們幻想著自己擁有魔法，能夠操控光、電、火等自然現象，或是能遠距離控制物體，事實上現在的人們早就身處在這樣的環境中了。

科技是人類智慧的結晶，因為科技不斷的進步與發展，所以我們才能有現在這麼便利的社會。我們可以不需要出門，透過網際網路了解外面發生的大小事；也能在家裡購物，並將商品宅配到家；外出時也可以使用各種交通工具，快速地在不同地點間移動。

在這一章中，將帶您進入科技的世界，讓您成為一名科技創客。創客 / 自造者 /Maker 這幾年來快速發展，已蔚為一股創新的風潮。由於各種相關軟硬體越來越簡單易用，即使沒有電子、機械、程式等背景，只要有想法有創意，都可輕鬆自造出新奇、有趣、或實用的各種作品。

3-1 讓 D1 mini 點燃你的創客魂

D1 mini 是一片單晶片開發板,你可以將它想成是一部小電腦,可以執行透過程式描述的運作流程,並且可藉由兩側的輸出入腳位控制外部的電子元件,或是從外部電子元件獲取資訊。只要使用稍後會介紹的杜邦線,就可以將電子元件連接到輸出入腳位。

另外 D1 mini 還具備 Wi-Fi 連網的能力,可以將電子元件的資訊傳送出去,也可以透過網路從遠端控制 D1 mini。

輸出入腳位旁邊都有標示編號

fritzing

3-2 用 Flag's Block 成為創客

了解了控制板後,我們要讓它真正活起來,而它的靈魂就是運行在上面的程式,為了降低學習程式設計的入門門檻,旗標公司特別開發了一套圖像式的積木開發環境 - Flag's Block,有別於傳統文字寫作的程式設計模式,Flag's Block 使用積木組合的方式來設計邏輯流程,加上全中文的介面,能大幅降低一般人對程式設計的恐懼感。

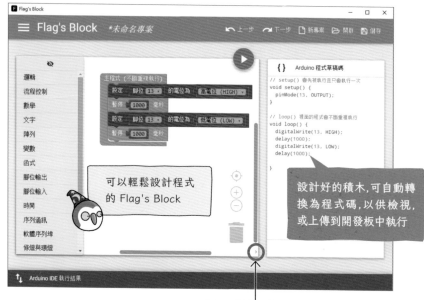

此鈕可開啟（或關閉）右側的程式碼窗格

安裝與設定 Flag's Block

請使用瀏覽器連線 http://www.flag.com.tw/download/FlagsBlock.exe 下載 Flag's Block，下載後請雙按該檔案，如下進行安裝：

如果出現風險警告視窗，請按其他資訊，然後再按仍要執行鈕進行安裝

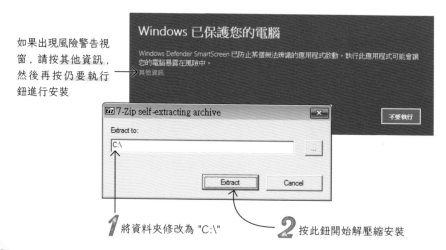

1 將資料夾修改為 "C:\"

2 按此鈕開始解壓縮安裝

安裝完畢後，請執行『開始 / 電腦』命令，切換到 "C：\FlagsBlock" 資料夾，依照下面步驟開啟 Flag's Block 然後安裝驅動程式：

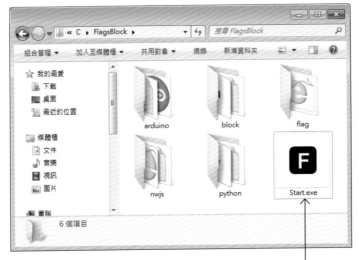

1 雙按 Start.exe 檔案

若出現 Windows 安全性警訊 (防火牆)
的詢問交談窗, 請選取允許存取

2 由於要先安裝 USB 驅動程式，請按取消鈕關閉交談窗

按此鈕開啟選單 **3**

若您之前已安裝過驅動程式，可按確定鈕直接進行設定

4 按『安裝驅動程式』命令

選擇 D1 mini

5 請選是允許安裝

6 按此鈕進行安裝

安裝成功了！

連接 D1 mini

請先將 USB 連接線接上 D1 mini 的 USB 孔，USB 線另一端接上電腦：

接著在電腦左下角的開始圖示 ⊞ 上按右鈕執行『**裝置管理員**』命令 (Windows 10 系統)，或執行『**開始/控制台/系統及安全性/系統/裝置管理員**』命令 (Windows 7 系統)，來開啟裝置管理員，尋找 D1 mini 板使用的序列埠：

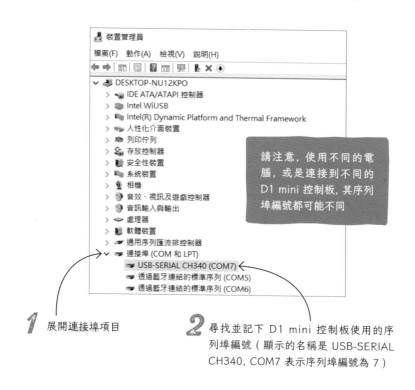

1 展開連接埠項目

2 尋找並記下 D1 mini 控制板使用的序
列埠編號(顯示的名稱是 USB-SERIAL
CH340, COM7 表示序列埠編號為 7)

找到 D1 mini 板使用的序列埠後, 請如下設定 Flag's Block:

1 按此鈕開啟選單

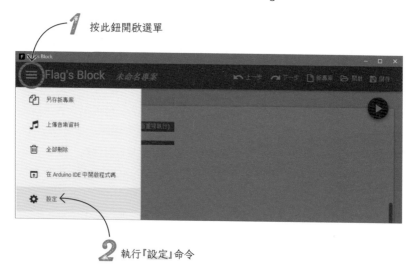

2 執行『設定』命令

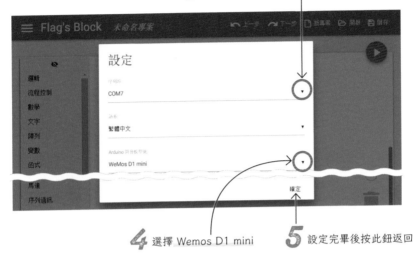

3 從下拉式選單選擇剛剛記下的序列埠編號

4 選擇 Wemos D1 mini

5 設定完畢後按此鈕返回

目前已經完成安裝與設定工作，接下來我們就可以使用 Flag's Block 開發 D1 mini 程式了。

3-3 寫程式創造科技

現在的科技世界是自動化時代，而程式語言在自動化時代中相當重要，因為程式語言是人類和機器溝通的工具，它可以控制機器和電腦的行為，就好像魔法世界中的咒語，可以用來控制魔物和大自然。

以下我們就來實作一個能控制燈光的簡單程式

科技學程 **1**

現代照明術

效 果 控制燈光的閃爍,
讓它彷彿天上一閃一閃的小星星

設計原理

電燈的發明點亮了半個地球,要讓電燈亮起來
就是將它通電。接下來我們要控制的燈是 LED
燈,若要讓 LED 發光,則需對長腳接上高電
位,短腳接低電位,像是水往低處流一樣產生
高低電位差讓電流流過 LED 即可發光。LED
只能往一個方向導通,若接反就不會發光。

為了方便使用者,D1 mini 板上已經內建了一
個藍色 LED 燈,這個 LED 的長腳連接到高電
位處,短腳則能用程式控制。上文中提到當
LED 長腳接上高電位,短腳接低電位,產生高
低電位差讓電流流過即可發光,所以我們在程
式中將內建 LED 腳位設為低電位,即可點亮
這個內建的 LED 燈,這樣一來我們就能隨心
所欲地控制 LED 燈要怎麼亮了。

內建的 LED 燈

設計程式

請開啟 Flag's Block，然後如下操作：

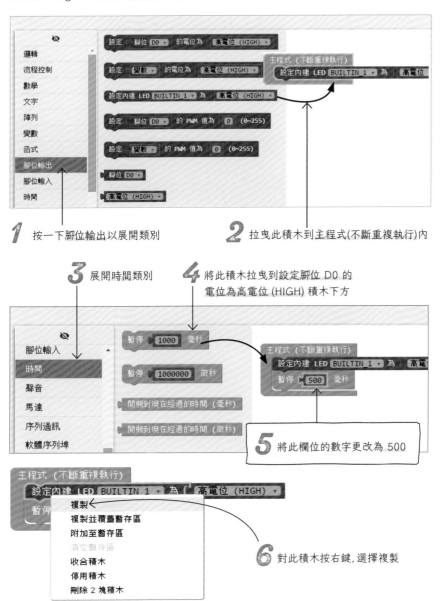

1 按一下腳位輸出以展開類別

2 拉曳此積木到主程式(不斷重複執行)內

3 展開時間類別

4 將此積木拉曳到設定腳位 D0 的
電位為高電位 (HIGH) 積木下方

5 將此欄位的數字更改為 500

6 對此積木按右鍵,選擇複製

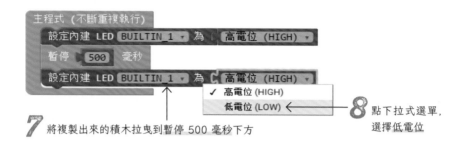

7 將複製出來的積木拉曳到暫停 500 毫秒下方

8 點下拉式選單，選擇低電位

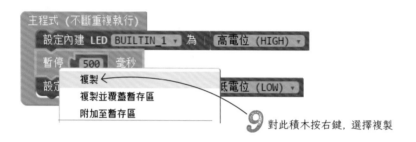

9 對此積木按右鍵，選擇複製

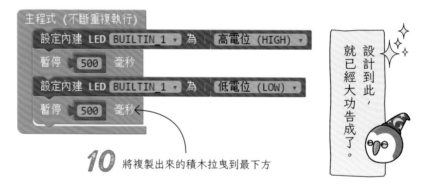

10 將複製出來的積木拉曳到最下方

設計到此，就已經大功告成了。

程式解說

所有在**主程式 (不斷重複執行)** 內的積木指令都會一直重複執行，直到電源關掉為止，因此程式會先將高電位送到 LED 腳位，暫停 500 毫秒後，再送出低電位，再暫停 500 毫秒，這樣就等同於 LED 一下通電一下沒通電，而你看到的效果就會是閃爍的 LED。

儲存專案

程式設計完畢後，請先儲存專案：

按儲存鈕即可儲存專案

軟體
加油站 **如果看不到儲存鈕**

如果因為畫面太窄看不到儲存鈕，請開啟選單即可執行『**儲存**』命令：

1 按此鈕開啟選單

2 執行『儲存』命令

如果是新專案第一次儲存，會出現交談窗讓您選擇想要儲存專案的資料夾及輸入
檔名：

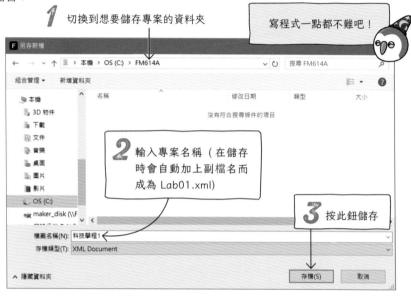

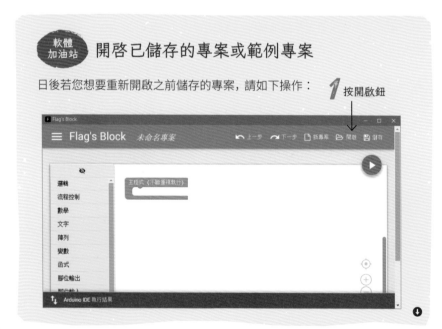

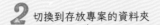

2 切換到存放專案的資料夾

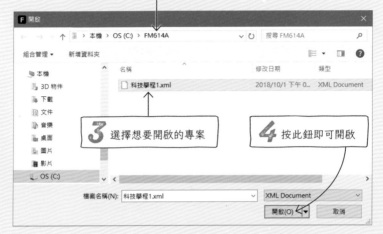

3 選擇想要開啟的專案

4 按此鈕即可開啟

為了方便本書的讀者，Flag's Block 已經內建書中所有的範例專案，您可以直接開啟使用：

1 按此鈕開啟選單

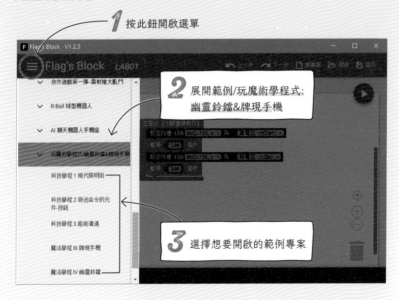

2 展開範例/玩魔術學程式: 幽靈鈴鐺&牌現手機

3 選擇想要開啟的範例專案

將程式上傳到 D1 mini 板

為了將程式上傳到 D1 mini 板執行，請先確認 D1 mini 板已用 USB 線接至電腦，然後依照下面說明上傳程式：

按此鈕開始上傳程式

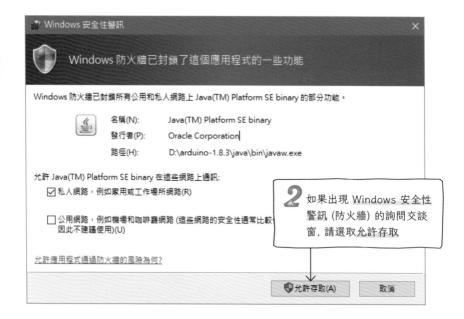

2 如果出現 Windows 安全性警訊 (防火牆) 的詢問交談窗，請選取允許存取

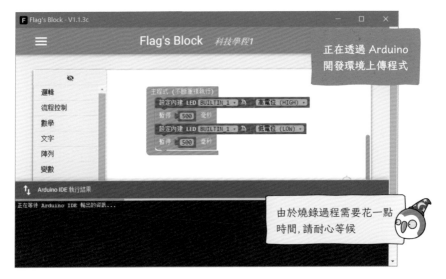

正在透過 Arduino
開發環境上傳程式

由於燒錄過程需要花一點
時間,請耐心等候

Tip Arduino IDE 是創客界中最常被使用的程式開發環境,使用的是 C/C++ 語言,
Flag's Block 就是將積木程式先轉換為 Arduino 的 C/C++ 程式碼後,再上傳到
D1 mini 上。

上傳成功

按此處可以關閉訊息窗格

上傳成功後, 即可看到
LED 不斷地閃爍

若您看到紅色的錯誤訊息，請如下排除錯誤：

此訊息表示電腦腦無法與 D1 mini 連線溝通，請將連接 D1 mini 的 USB 線拔除重插，或依照前面的說明重新設定序列埠

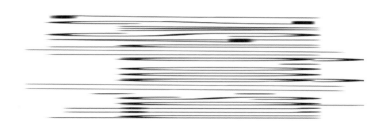

CHAPTER

04

當魔法遇見科技

上

4-1 魔術師與創客的結合 -Magicker

隨著時間的推移,科技做到了人們當初對魔法的嚮往,魔法則轉而成為一門神秘的藝術 - 魔術。一個是先進的技術,另一個是古老的傳說,當兩者結合時會產生什麼樣的火花呢?

學習了前幾個學程後,你現在不僅是個魔術師 (Magician) 也是個創客 (Maker),只要你能善用這兩項技能就能打造如同真正魔法般、前所未有的驚人效果,這一章我們將學習如何融合魔術和科技,成為一名**創魔者** (Magicker)。

4-2 讓奇蹟發生在觀眾的手機上

如果你能向在場任意一個觀眾借一支手機,在沒有串通的情況下,並且不需要安裝任何程式 (APP),也不用限制手機的品牌,只要觀眾隨口說出一張撲克牌的花色和點數,此時他的手機也會立即呈現出那張牌,相信你的魅力值一定瞬間爆表。

適用場合

街頭表演、初次見面、多人聚會時。

表演時間

科技學程 **2**

發送命令的元件 - 按鈕

效 果 用按鈕控制 LED 亮或不亮。

由於我們等一下要製作的魔術道具需要使用到按鈕,因此我們先來認識一下按鈕的使用方法。

按一下會發亮,
再按一下就不亮

設計原理

本實驗所使用的按鈕是**常開式按鈕**,當我們按下按鈕時,會讓原本開路按鈕導通,而放開時按鈕又會彈回原本的狀態。

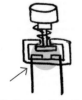

沒按下去的時候,沒
有導通(稱為開路)

按下去後兩腳位會
導通(稱為閉路)

放開時恢復沒
導通的狀態

D1 mini 的腳位除了可以輸出訊號控制元件和裝置外，也可以用來讀取輸入訊號。只要將按鈕的一腳接地 (G)，另一腳接 D1 mini 的其中一個腳位，就可以搭配 D1 mini 提供的上拉電阻機制來讀取按鈕的狀態。當按鈕被按下時會讀到低電位，反之則讀到高電位。

先前準備

將按鈕直接插在 D1 mini 上的 D3 和 G 腳位。

G 腳位　　　　　　　　D3 腳位

設計程式

請啟動 Flag's Block 程式，然後如下操作：

1 先加入 SETUP 設定積木，然後啟用上拉電阻：

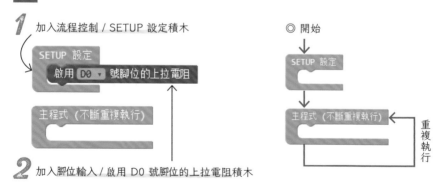

1 加入流程控制 / SETUP 設定積木

◎ 開始

2 加入腳位輸入 / 啟用 D0 號腳位的上拉電阻積木

重複執行

Tip D1 mini 開機後會先執行 **SETUP 設定**積木內的程式一次，結束後則不斷重複執行主程式積木內的程式。

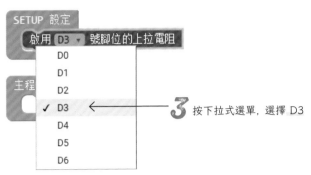

3 按下拉式選單, 選擇 D3

2 設定一開始 LED 的狀態：

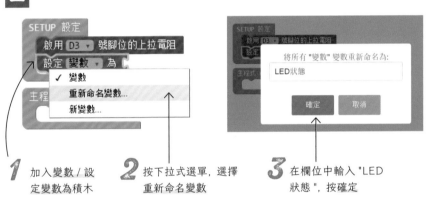

1 加入變數 / 設定變數為積木

2 按下拉式選單, 選擇重新命名變數

3 在欄位中輸入 "LED 狀態", 按確定

Tip 「變數」可以幫程式中用到的資料或是裝置取名字, 讓程式更容易閱讀與理解。

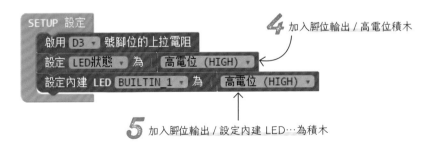

4 加入腳位輸出 / 高電位積木

5 加入腳位輸出 / 設定內建 LED…為積木

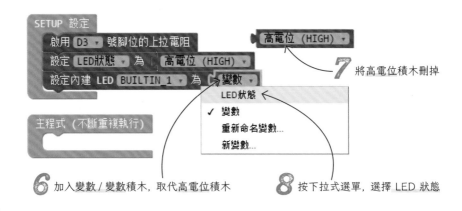

6 加入變數 / 變數積木，取代高電位積木

7 將高電位積木刪掉

8 按下拉式選單，選擇 LED 狀態

3 接著我們要在主程式中不斷偵測按鈕有沒有被按下去，如果有就改變 LED 的狀態：

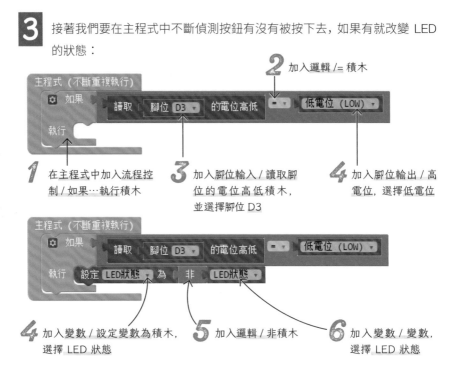

2 加入邏輯 /= 積木

1 在主程式中加入流程控制 / 如果…執行積木

3 加入腳位輸入 / 讀取腳位的電位高低積木，並選擇腳位 D3

4 加入腳位輸出 / 高電位，選擇低電位

4 加入變數 / 設定變數為積木，選擇 LED 狀態

5 加入邏輯 / 非積木

6 加入變數 / 變數，選擇 LED 狀態

Tip 「非」可以反轉當前的狀態，例如原本為高電位則變成低電位，這樣就能用來轉換 LED 的狀態。

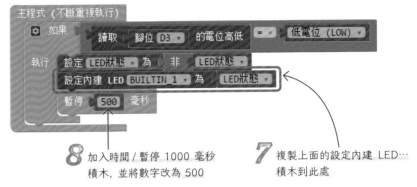

8 加入時間/暫停 1000 毫秒
積木，並將數字改為 500

7 複製上面的設定內建 LED…
積木到此處

Tip 加入暫停積木可以避免短時間內重複偵測到按鈕被按下

4 完成後請按右上方的**儲存**鈕存檔為**科技學程 2**。

實測

按右上方的 ▶ 鈕上傳程式後，按按看按鈕，看能不能切換 LED 的狀態。

科技學程 ❸
超距溝通

效 果　用按鈕遠距離控制網頁的畫面。

回到剛剛的魔術，我們先思考一下，要如何在沒有安裝程式的情況下操控手機的畫面呢？其實只要通過網路應用程式 (Web Application，WebApp) 就能辦到，常見的 WebApp 有購物網站、網頁遊戲、社群網站等等，使用者不須安裝任何程式，只要打開瀏覽器並連結到該網址就能直接執行。另外，由於現在還有無線網路，因此我們甚至能做到遠距離控制的效果。

以下我們就來寫一個程式，用按鈕遠距離控制網頁的畫面。

設計原理

D1 mini 除了可以控制腳位和讀取訊號之外，它也可以變成無線基地台並架設網站，讓我們能用手機搜尋它的無線網路訊號，並開啟網頁畫面。

只要融合前一個實驗，我們就能利用按鈕來控制網頁的畫面。

Access Point 無線熱點 (AP) 模式

D1 mini 具有無線網路基地台功能，可扮演網路服務的中心，而手機可以透過連上 D1 mini 提供的網路來與 D1 mini 溝通。

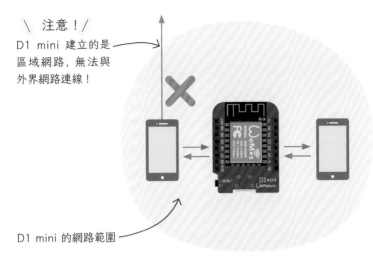

\ 注意！/

D1 mini 建立的是
區域網路，無法與
外界網路連線！

D1 mini 的網路範圍

用 Flag's Block 建立無線網路 (AP)

建立無線網路只要使用 **ESP8266 無線網路 / 建立名稱...的無線網路**積木即可：

建立名稱： " ESP8266 " 密碼： " ▢ " 頻道： 1 ▾ 的 (▢ 隱藏) 無線網路

個別欄位的說明如下：

名稱	無線網路的名稱 (SSID),也就是使用者在挑選無線網路時看到的名稱
密碼	連接到此無線網路時所需輸入的密碼,如果留空,就是開放網路,不需密碼即可連接(至少需要 8 個字元)
頻道	無線網路採用的無線電波頻道 (1~13),如果發現通訊品質不好,可以試看看選用其他編號的頻道
隱藏	如果希望這個網路只讓知道名稱的人連接,不讓其他人看到,請打勾

這個積木會回傳網路是否建立成功。實際使用時，通常搭配**流程控制 / 持續等待**積木組合運用：

持續等待，直到 建立名稱： " ESP8266 " 密碼： " " 頻道： 1 的 (隱藏) 無線網路

持續等待積木會等待右側相接的積木運作回報成功才會往下一個積木執行，所以會等到無線網路建立成功，程式才會繼續往下執行。建立無線網路後，D1 mini 的 IP 位址為 192.168.4.1。

用 Flag's Block 建立網站

首先要啟用網站： 使用 80 號連接埠啟動網站

連接埠編號就像是公司內的分機號碼一樣，其中 80 號連接埠是網站預設使用的編號。如果更改編號，稍後在瀏覽器鍵入網址時，就必須在位址後面加上 ": 編號 "，例如編號改為 5555，網址就要寫為 "192.168.4.1:5555"，若保留 80 不變，網址就只要寫 "192.168.4.1"。

啟用網站後，還要決定如何處理接收到的指令 (也稱為『請求 (Request)』)，這可以透過以下積木完成：

讓網站使用 傳送LED狀態 函式處理 /state 路徑的請求

路徑欄位就是指令的名稱，可用 "/" 分隔名稱做成多階層架構。不同指令可有對應的專門處理方式。在瀏覽器的網址中指定路徑的方式就像這樣：

http://192.168.4.1/staste ⟵――――――― 尾端的 "/staste" 就是路徑

對應路徑的處理工作則是交給前面的函式欄位來決定，每一個路徑都必須先準備好對應的處理函式。要建立函式，可使用**函式 / 定義函式**積木來完成。

Tip 函式就是一組積木的代稱，只要將想執行的一組積木加入**定義函式**內，再幫函式取好名稱，就可以直接用該名稱來執行對應的那一組積木。如此一來，就可以用具有意義或容易理解的名稱來代表一組積木，讓程式更容易理解。

執行指令後可以使用以下積木傳送資料回去給瀏覽器：

讓網站傳回狀態碼： **200** MIME 格式： `text/plain` 內容： `OK`

狀態碼預設為 200, 表示指令執行成功

如果傳送的內容是純文字, **MIME 格式**欄位就要填入 "text/plain"；如果傳回的是 HTML 網頁內容，就要填入 "text/html"。實際要傳送回瀏覽器的資料就填入**內容**欄位內。

您要自備的部分

有關可用的狀態碼、MIME 格式，或是設計網頁所使用的 HTML 語言等等，可參考相關文件或教學：

HTTP 狀態碼
https://goo.gl/a94q5M

HTML 教學
https://goo.gl/rquLec

上述動作只是建立與啟用網站，網站的內容會放在網站內容檔，稍後會講解如何
修改範例網站內容檔，並將網頁內容檔上傳給 D1 mini。

為了讓剛剛建立的網站運作，我們還需要在主程式
(不斷重複執行) 中加入讓**網站接收請求**積木，才會
持續檢查是否有收到新的指令，並進行對應的處理
工作。

先前準備

同前一範例，再加 1 支手機。

設計程式

請啟動 Flag's Block 程式，並開啟前一個專案**科技學程 2**，我們要直接以這個專
案來修改：

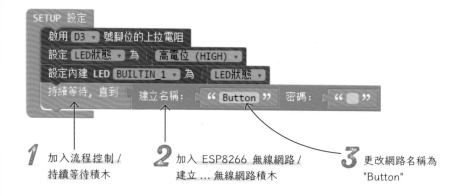

2 啟用網站：

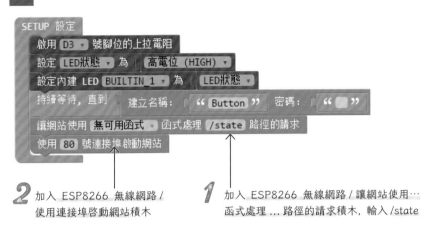

SETUP 設定
啟用 [D3 ▼] 號腳位的上拉電阻
設定 [LED狀態 ▼] 為 [高電位 (HIGH) ▼]
設定內建 LED [BUILTIN_1 ▼] 為 [LED狀態 ▼]
持續等待，直到 建立名稱： " Button " 密碼： " ● "
讓網站使用 [無可用函式] 函式處理 [/state] 路徑的請求
使用 [80] 號連接埠啟動網站

2 加入 ESP8266 無線網路 /
使用連接埠啟動網站積木

1 加入 ESP8266 無線網路 / 讓網站使用 …
函式處理 … 路徑的請求積木，輸入 /state

Tip 因為我們還沒有準備好處理指令的函式，所以第一個欄位顯示『無可用函式』，稍
後設計好函式後，就可以選取正確的函式了。

3 設計處理指令的函式：

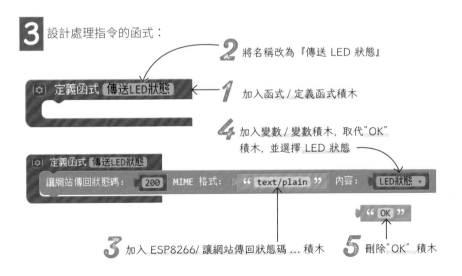

2 將名稱改為『傳送 LED 狀態』

[⚙] 定義函式 [傳送LED狀態]

1 加入函式 / 定義函式積木

4 加入變數 / 變數積木，取代"OK"
積木，並選擇 LED 狀態

[⚙] 定義函式 [傳送LED狀態]
讓網站傳回狀態碼： [200] MIME 格式： " text/plain " 內容： [LED狀態 ▼]

" OK "

3 加入 ESP8266/ 讓網站傳回狀態碼 … 積木

5 刪除"OK" 積木

4 設計好處理指令的函式後，記得回頭選用：

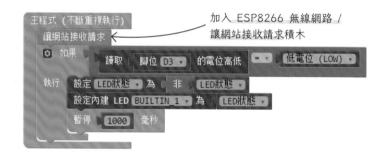

選取剛剛設計的『傳送 LED 狀態』函式

5 在主程式中接收指令：

加入 ESP8266 無線網路 /
讓網站接收請求積木

6 上傳主網頁內容：

請先找到位於 **FlagsBlock / www** 資料夾內的 **webpages_button.h** 檔案，然後按右鍵以記事本開啟：

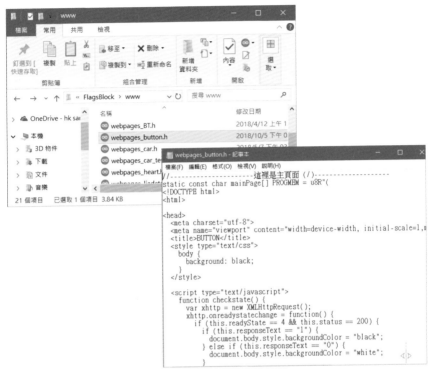

在記事本中的架構如同下圖所示：

> 字串之中的文字便是要傳回給瀏覽器的 HTML 網頁內容，如果要修改網頁內容，可以用記事本開啟 FlagsBlock / www/webpages_template.h，以此檔案為範本，修改後再另存新檔

```
wwebpages_template.h 檔案內容
//--------------------這裡是主頁面 ("/")----
String mainPage = u8R"(
  這裡可填入網頁內容
)";
//--------------------這裡是錯誤路徑頁面--------------------
String errorPage = u8R"(
  這裡可填入網頁內容
)";
//--------------------這裡是設定頁面 ("/setting")----------
String settingPage = u8R"(
  這裡可填入網頁內容
)";
```

在 **webpages_button.h** 檔案之中,可以看到以下程式碼:

```javascript
function checkstate() {              ← 請求當前 LED 狀態的函式
    var xhttp = new XMLHttpRequest();
    xhttp.onreadystatechange = function() {
      if (this.readyState == 4 && this.status == 200) {
        if (this.responseText == "1") {
          document.body.style.backgroundColor = "black";  ←
        } else if (this.responseText == "0") {
          document.body.style.backgroundColor = "white";
        }
      }                    如果是"0"(低電位, LED 亮),
    };                     將網頁的背景設為白色
    xhttp.open("GET", "/state", true);
    xhttp.send();
}
window.setInterval(function() {
    checkstate();
}, 10);
```

如果是"0"(低電位, LED 亮), 將網頁的背景設為白色

在接收到 LED 狀態後, 判斷狀態為何者再決定網頁的背景顏色, 如果是"1"(高電位, LED 不亮), 將網頁的背景設為黑色

這裡代表每 10 毫秒就執行請求當前 LED 狀態的函式

以上的程式碼片段為 JavaScript, 想進一步了解語法的讀者, 可以參考第 53 頁的教學連結。

理解網頁在做什麼後, 我們將此網頁上傳到 D1 mini。

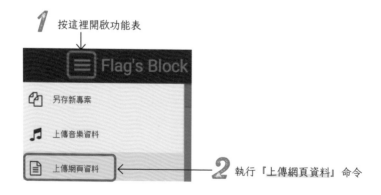

1 按這裡開啟功能表

2 執行『上傳網頁資料』命令

3 切換到 Flag's Block 安裝路徑下的 www 資料夾

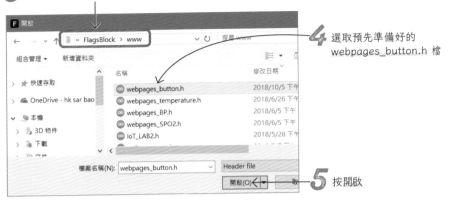

4 選取預先準備好的 webpages_button.h 檔

5 按開啟

8 完成後請按右上方的**儲存**鈕存檔為**科技學程 3**。

實測

按右上方的  鈕上傳程式後，請拿出手機或是筆電，嘗試連上程式中建立的 **Button** 無線網路 (以下以 Android 手機為例)：

1 連上 Button 無線網路

2 開啟瀏覽器，鍵入網址 "192.168.4.1"

用按鈕可以切換網頁的顏色

魔法學程 III
牌現手機

效 果 用觀眾的手機製造奇蹟。

有了以上的觀念後，我們就能來實作魔術道具了。

先前準備

1 在 Flag'sBlock 中開啟範例程式**魔法學程 III**。

2 上傳我們提供的網頁程式檔
FlagsBlock/www/webpages_anycard.h。

> **Tip** 由於本學程的程式碼與**科技學程 3** 大同小異，因此這裡就不多做說明，有興趣的讀者可以自行參考範例中的程式碼。

3 按 ▶ 鈕上傳程式。

4 將 D1 mini 接上行動電源，把按鈕稍微彎成如下圖般，避免按鈕掉落，按一下按鈕後再放進口袋。

5 跟觀眾借手機，並連接到 D1 mini 開啟的熱點 "Anycard"，開啟瀏覽器後在網址列輸入 "192.168.4.1"。

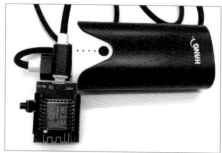

魔術秘密

魔術網頁畫面

其實這個魔術的秘密就是利用按鈕來控制觀眾手機中的網頁，當按鈕按下時，網頁會進入可控制模式 (同時 D1 mini 上的燈也會亮起)，此時注意看網頁畫面的左上角，有一個長得像訊號的符號會開始規律的變化 (從 1 格到 4 格，再從 4 格到 1 格)：

這裡的訊號符號會變化

1 格到 4 格分別代表：黑桃、梅花、紅心、方塊，在知道觀眾選的牌後，請在相對的格數**按一下網頁畫面中的白牌** (例如觀眾選梅花，就在訊號格數為 2 的時候按下去)，這時訊號符號會停止不動，D1 mini 的燈也會熄掉，代表選擇成功。

接著注意到右上角，你會發現時間的秒數只會在 1~13 間變化：

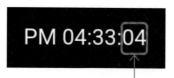

1 代表 A，11、12、13 分別代表 J、Q、K

這個秒數代表的就是牌的點數，只要你在當前的秒數按下網頁中的白牌，那麼牌就會顯示出那個點數和剛剛選擇的花色，這樣一來魔術就大功告成了，此時除非你再按一次按鈕，不然觀眾是沒有辦法控制網頁畫面的。

教學影片

請注意！由於本套件的重點在於魔術及單晶片程式，因此網頁的部分就不多做說明，有興趣的讀者可以自行參考網頁資料中的 HTML。

建議讀者在開始表演前可以先用自己的手機測試看看，如果發現難以連線，可以更改建立無線網路積木中的頻道編號。

CHAPTER

05

當魔法遇見科技

下

5-1 令人毛骨悚然的鈴鐺

上一章我們利用科技將魔術提升一個層次，而這一章的效果一樣不會讓你失望，就讓我們繼續將魔法與科技學程修滿吧！

想像一下，一個能讓你隨心所欲操控的鈴鐺，沒有用釣魚線、沒有風吹、沒有可疑的遙控器，真正的遠距離控制，你可以用它來猜觀眾的牌、玩測謊遊戲、製造靈異氣氛，這一切都在你的掌握中。

適用場合

多人聚會、舞台表演。

表演時間 It's show time!

各位觀眾大家好，首先我需要一名觀眾到台上幫我一個忙，有人自願嗎？

我！ 我！ 我！ 我！

感謝你的幫忙。我現在手上有一副撲克牌，麻煩待會在我撥牌的時候喊停。

停！

這是你選的牌，現在我轉身過去，請你在自己看過牌後，也給在場的所有人看這張牌，然後把牌藏在身上的隨便一個地方，好了告訴我一聲。

好了！

好的，雖然我不知道你抽到什麼牌，但我有一樣特別的東西，就是這個鈴鐺。相信大家都聽過碟仙，但不知道你們有沒有聽過鈴鐺仙，現在我就要來召喚它！讓它幫我找出你的牌。

鈴鐺仙～鈴噹仙～請問這位觀眾抽到的牌是黑桃嗎？

…

那請問是紅心嗎？

鈴～

鈴鐺仙～鈴鐺仙～現在我從 A 開始唸到 K，如果唸到觀眾的牌請給我一點反應，A、1、2、…9

鈴～

你的牌就是紅心 9 對吧！

謝謝大家！

紅心 9 ♥

掌聲！

不可思議的吸引力

效 果 自製電磁鐵，吸引鈴鐺。

要怎麼樣才能在不碰觸鈴鐺的情況下，讓它擺動呢？在科學的領域中有一種力被稱為**超距力**，即兩物體不需要碰觸到就能產生力的效應。磁力就屬於一種超距力，而且能夠被人為控制，正所謂電生磁、磁生電，自從人類知道電力和磁力的關係後，我們的科技有了飛速的發展，許多科技產品的原理都是電與磁的作用，例如馬達的發明，讓我們進入自動化時代；利用磁力儲存資訊的技術讓我們進入數位化時代。

要是能控制磁力，便能在一個特定的距離內，吸引鈴鐺讓它移動，接著就讓我們來學習如何用電力產生磁力吧！

設計原理

當電流通過線圈時，便會產生磁力，我們通常稱呼這樣的東西為**電磁鐵**，電磁鐵被應用在許多地方，像是電風扇、吸塵器、起重機等等。以下我們就來打造一個電磁鐵。

電磁鐵

先前準備

漆包線、黑色螺絲 (長)、螺帽 (大)、電池盒、電池 (請自備)。

實作

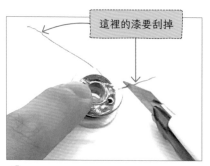

1 拿起漆包線，利用美工刀或砂紙將兩端前方約 5 公分的漆刮除

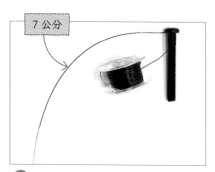

2 漆包線前端留大約 7 公分後，依造螺絲的螺紋繞上去

3 繞到螺絲剩下約 0.5 公分後，使用螺帽鎖上去卡住

4 繼續繞回去，為了保證之後的效果，請盡可能繞的緊密一點

5 反覆的繞線圈，直到把所有漆包線繞完為止

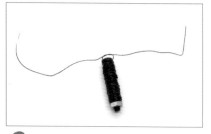

6 最後可以打一個結，避免線圈鬆掉

接著我們使用麵包板來幫助我們接線：

麵包板

麵包板的表面有很多的插孔。插孔下方有相連的金屬夾，當零件的接腳插入麵包板時，實際上是插入金屬夾，進而和同一條金屬夾上的其他插孔上的零件接通，在以下實驗中我們就需要麵包板來連接電磁鐵與電源。

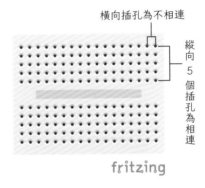

橫向插孔為不相連

縱向 5 個插孔為相連

fritzing

7 把電池放入電池盒中

8 蓋上電池盒的蓋子，將兩頭的線插在麵包板上

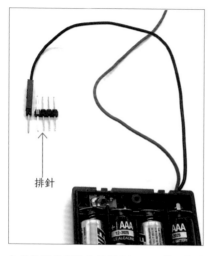

如果收到的電池盒是母頭，可以利用排針
把它變公頭喔

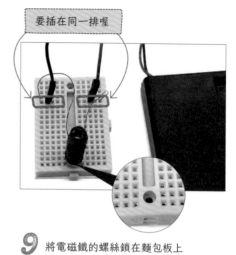

要插在同一排喔

9 將電磁鐵的螺絲鎖在麵包板上

10 線圈兩頭的線也插上麵包板

實測

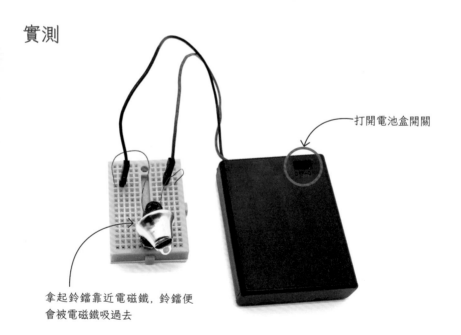

打開電池盒開關

拿起鈴鐺靠近電磁鐵，鈴鐺便
會被電磁鐵吸過去

魔法學程 IV
幽靈鈴鐺

効 果　按一下網頁上的按鈕，鈴鐺便會擺動。

有了之前的知識後，我們就可以利用網頁讓 D1 mini 控制電磁鐵，進而控制鈴鐺的擺動。

設計原理

由於電磁鐵是屬於大電流，而 D1 mini 等微處理器只能處理小電流，因此我們必須依靠**電晶體**的幫忙。

✧✧ 電晶體

電晶體可以將微處理器輸出的小電流放大，進而控制需要大電流才能驅動的負載，例如：電扇、電燈。就像我們難以掌握水流量大的水管，但只要在水管上接個水龍頭，便能輕鬆的控制水管的水流量。

真難控制啊！

啊！

電晶體就像水龍頭，好用多了

電晶體有 3 隻腳位,**B** (基極)、**C** (集極)、**E** (射極),其中 C(集極) 就是接水管的位置,E(射極) 是水龍頭出口,B(基極) 則是水龍頭開關:

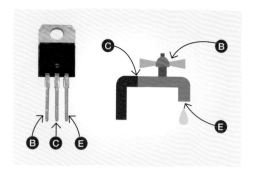

我們使用的電晶體型號是 TIP120,不同型號的電晶體有不一樣的耐電流和耐電壓,為了配合實驗和控制電晶體通過的電流,我們必須在 B(基極) 之前接一個電阻,另外由於電磁鐵瞬間斷電時,它的磁力會產生反向的電壓,稱為反電動勢 (Back EMF),可能會造成電晶體的損壞,因此我們要在電磁鐵並接一個二極體,限制電流的流向。

二極體

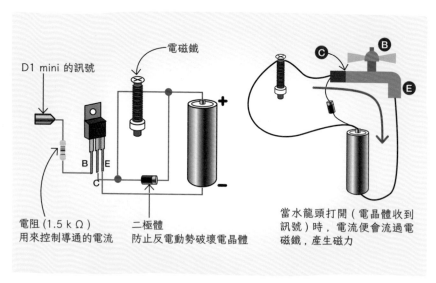

大概知道怎麼接線後,接著我們就能開始實作了,除了**麵包板**外還有幾個好東西能幫助我們接線,那就是 - **杜邦線**和**排針**。

杜邦線與排針

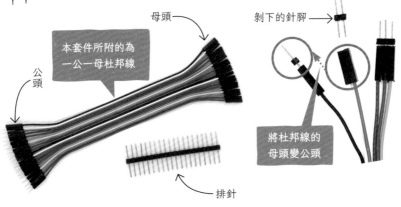

本套件所附的為一公一母杜邦線

母頭

公頭

剝下的針腳

將杜邦線的母頭變公頭

排針

先前準備

電磁鐵、電池盒、電池 (需自備)、D1 mini、杜邦線、排針、電晶體、二極體、
1.5 k Ω 電阻以及一支手機。

接線圖

二極體要與電磁鐵並聯

二極體銀色的地方應該要在右邊

1.5 k Ω 電阻

電磁鐵 (一端接正電、一端接 C 集極)

接到 D1 腳位

請注意！電池盒的開關要先關掉，避免短路時走火

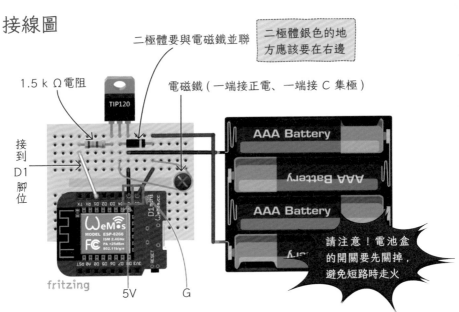

5V   G

實拍圖

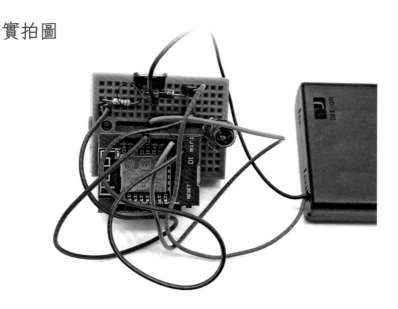

設計程式

請啟動 Flag's Block 程式, 然後如下操作:

1 設定腳位與建立無線網路:

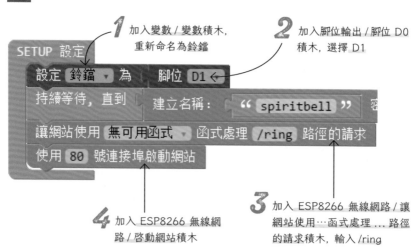

1 加入變數 / 變數積木, 重新命名為鈴鐺

2 加入腳位輸出 / 腳位 D0 積木, 選擇 D1

3 加入 ESP8266 無線網路 / 讓網站使用…函式處理 … 路徑的請求積木, 輸入 /ring

4 加入 ESP8266 無線網路 / 啟動網站積木

2 設計處理指令的函式：

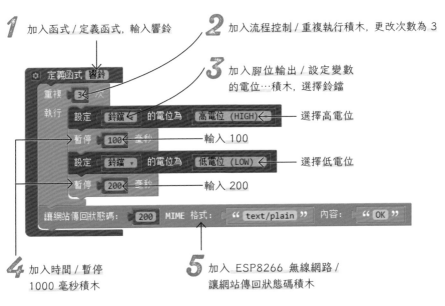

1 加入函式 / 定義函式，輸入響鈴

2 加入流程控制 / 重複執行積木，更改次數為 3

3 加入腳位輸出 / 設定變數
的電位…積木，選擇鈴鐺

選擇高電位

輸入 100

選擇低電位

輸入 200

4 加入時間 / 暫停
1000 毫秒積木

5 加入 ESP8266 無線網路 /
讓網站傳回狀態碼積木

6 回頭選用設計好的響鈴函式

讓網站使用 **響鈴** 函式處理 /ring
使用 80 號連接埠啟動網站

3 在主程式中接收指令：

主程式 (不斷重複執行)
讓網站接收請求

4 上傳主網頁內容：

操作方法如同**科技學程 3**，選擇
『FlagsBlock/www/webpages_
spiritbell.h』檔

1 按這裡開啟功能表

2 執行『上傳網頁資料』命令 ⟶

3 選擇 webpages_ spiritbell.h 檔

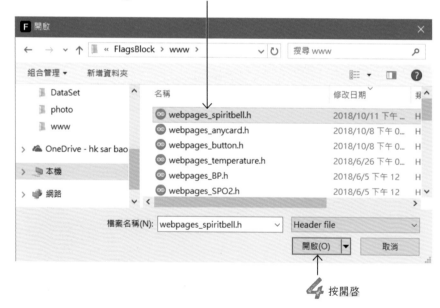

4 按開啟

5 完成後請按右上方的**儲存**鈕存檔為**魔法學程 IV**，按右上方的 ▶ 鈕上傳程
式。

接下來我們要組裝鈴鐺架。

組裝

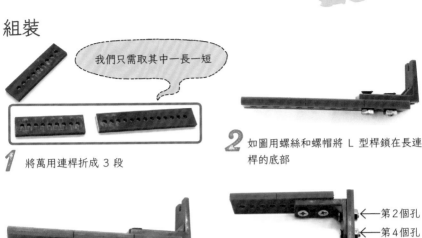

我們只需取其中一長一短

1 將萬用連桿折成 3 段

2 如圖用螺絲和螺帽將 L 型桿鎖在長連桿的底部

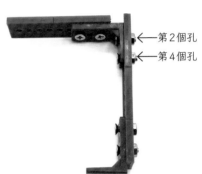

← 第 2 個孔
← 第 4 個孔

3 在短連桿底部也鎖上一個 L 型桿

4 將兩部分組合起來 (螺絲鎖在第 2 個及第 4 個孔), 完成鈴鐺架

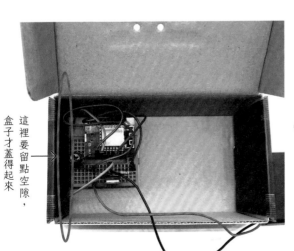

這裡要留點空隙,盒子才蓋得起來

5 打開紙盒, 把麵包板底部的雙面膠貼撕掉, 並將麵包板貼在如圖中的位置

6 電池盒放在旁邊即可

7 如圖把鈴鐺架鎖在紙盒

拿出一條棉線, 穿過鈴
鐺後, 將它綁在鈴鐺架
上第 1 及第 3 個孔

鈴鐺要盡可能的
靠近盒子表面,
效果才會好喔!

完成圖

實測

打開電池盒開關拿出手機，嘗試連上程式中建立的 **spiritbell** 無線網路，操作方式同之前的學程。

按一下網頁中的按鈕，鈴鐺便會擺動 → RING

魔術秘密
MAGIC SECRET

1. 打開電池盒的開關。

2. 用手機連上 D1 mini 的無線網路，將手機的螢幕顯示時間調長一點後，放進口袋中。

3. 使用追牌手法控制觀眾抽到指定的牌。

4. 手偷偷伸進口袋中，在適當的時機按下按鈕。

記得到旗標創客‧
自造者工作坊
粉絲專頁按『讚』

1. 建議您到「旗標創客‧自造者工作坊」粉絲專頁按讚，
   有關旗標創客最新商品訊息、展示影片、旗標創客展
   覽活動或課程等相關資訊，都會在該粉絲專頁刊登一手
   消息。

2. 對於產品本身硬體組裝、實驗手冊內容、實驗程序、或
   是範例檔案下載等相關內容有不清楚的地方，都可以到
   粉絲專頁留下訊息，會有專業工程師為您服務。

3. 如果您沒有使用臉書，也可以到旗標網站 (www.flag.com.
   tw)，點選 聯絡我們 後，利用客服諮詢 mail 留下聯絡資
   料，並註明產品名稱、頁次及問題內容等資料，即會轉由
   專業工程師處理。

4. 有關旗標創客產品或是其他出版品，也歡迎到旗標購物網
   (www.flag.tw/shop) 直接選購，不用出門也能長知識喔！

5. 大量訂購請洽

   學生團體　　訂購專線：(02)2396-3257 轉 362
   　　　　　　傳真專線：(02)2321-2545

   經銷商　　　服務專線：(02)2396-3257 轉 331
   　　　　　　將派專人拜訪
   　　　　　　傳真專線：(02)2321-2545

作　　者／施威銘研究室

發 行 所／旗標科技股份有限公司

　　　　　　台北市杭州南路一段15-1號19樓

電　　話／(02)2396-3257(代表號)

傳　　真／(02)2321-2545

劃撥帳號／1332727-9

帳　　戶／旗標科技股份有限公司

監　　督／黃昕暐

執行企劃／汪紹軒

執行編輯／汪紹軒

美術編輯／薛詩盈

插　　圖／薛榮貴‧薛詩盈

封面設計／古鴻杰

校　　對／黃昕暐‧汪紹軒

行政院新聞局核准登記-局版台業字第 4512 號

ISBN　978-986-312-565-5

版權所有‧翻印必究

國家圖書館出版品預行編目資料

FLAG'S創客.自造者工作坊：
玩魔術學程式:幽靈鈴鐺&牌現手機
施威銘研究室作.　臺北市：旗標, 2019.03　面；公分

ISBN 978-986-312-565-5 (平裝)

1.微電腦　2.電腦程式語言　3.魔術

471.516　　　107017628